CATÁLOGO
DE CAVIDADES
VOLCÁNICAS
DE GRAN CANARIA

Cabildo de
Gran Canaria

MELANSIS
SOCIEDAD ENTOMOLÓGICA CANARIA

2ª Edición, noviembre 2023

Autores: Manuel Naranjo Morales, Sonia Martín de Abreu, Octavio Fernández Lorenzo

Maquetación e Impresión: Gutemberg Digital S.L.

Depósito Legal: GC 1051-2016

Edita: Sociedad Entomológica Canaria Melansis

Portada interior: Octavio Fernández Lorenzo

SOCIEDAD ENTOMOLÓGICA CANARIA

Grupo de Investigaciones
Entomológicas de Tenerife

PRÓLOGO

En la inmensidad de nuestro planeta, los seres vivos ocupamos una delgada capa situada en la interfaz entre la litosfera sólida, los océanos y lagos, y la atmósfera. Denominamos Biosfera a este espacio, exiguo en grosor pero variadísimo en paisajes, ambientes y ecosistemas. La habitabilidad de los mismos dependerá de la conjunción adecuada de factores limitantes como la disponibilidad de agua, de temperatura adecuada y de luz. En la combinación ideal de estos tres parámetros tendremos exuberantes selvas, arrecifes coralinos y otros ecosistemas de gran riqueza biológica. Pero la diversidad se empobrece al límite con la falta de agua en los desiertos, con las bajas temperaturas en los polos y en las montañas extremas, o con la ausencia de luz en las zonas abisales marinas y en las profundas cuevas subterráneas. La oscuridad permanente en estas últimas impide la fotosíntesis, principal mecanismo de producción primaria de materia orgánica, convirtiendo esos lugares en ambientes inhóspitos, con extrema escasez de alimentos y cuyos habitantes adoptan insólitas adaptaciones evolutivas para poder subsistir y perpetuarse. Como a la especie humana nada le atemoriza, la curiosidad por lo desconocido le lleva a escrutar esos límites de la Biosfera, totalmente ajenos a nuestro entorno habitual pero quizá más atractivos por las dificultades que entraña su exploración. El mundo subterráneo en general, y las cuevas en particular, que son los únicos espacios naturales del subsuelo donde podemos introducirnos, entrañan una dificultad de exploración, comportan un cierto riesgo, tienen un halo de misterio, y dan margen a la fantasía y a múltiples leyendas; pero sobre todo son la puerta de entrada a un mundo fantástico de oscuridad, silencio y quietud, donde el tiempo queda cautivo y ajeno al rápido transcurso de acontecimientos del exterior. Esta sensación es más patente en las cavidades volcánicas, bien simas o tubos de lava, cuyas formas reflejan el dinamismo de las entrañas del volcán, como si se hubiera detenido repentinamente en instantáneas estáticas de cada uno de los momentos del proceso efusivo. Son en definitiva verdaderas lecciones de geología, tanto de la etapa constructiva en las cuevas más jóvenes, como de la destructiva en las más antiguas. También constituyen una interesante enseñanza en biología, demostrando cómo un ecosistema inicialmente estéril puede llegar a estructurarse y funcionar a base de la escasa materia orgánica llegada del exterior, y cómo la madre evolución ha conseguido moldear extrañas especies ciegas, despigmentadas y extravagantes con increíbles adaptaciones fisiológicas para acomodarse a un medio hostil. Y las cuevas también son depositarias de una importante información paleontológica, habiendo preservado restos de animales desaparecidos de nuestras islas, como ratas gigantes o aves de alas reducidas, todas producto de la evolución insular, que se aventuraron por las entrañas del subsuelo para fenecer y dejar testimonio de su existencia. Todas esas maravillas del mundo subterráneo son inasequibles para gran parte de nuestros conciudadanos, unos porque no se atreven a entrar, otros porque no saben, otros porque no pueden y una gran mayoría porque no caben: sería difícil dar paso a todo el mundo a espacios tan limitados. Pero el acceso a su conocimiento por el gran público nos lo resuelven quienes se han atrevido a entrar, han aprendido las técnicas espeleológicas y de topografiado, han tenido la preparación necesaria para estudiar su contenido, han cabido por entrar sólo unos poquitos, y han tenido la iniciativa de recopilar todo su conocimiento sobre las cuevas naturales de Gran Canaria y plasmarlo en este interesante libro. Esta ha sido la encomiable labor de los miembros de la Sociedad Entomológica Melansis, radicada en Gran Canaria, que se inició en la espeleología hace ya unos cuantos años y, apoyada por miembros del Grupo de Espeleología Tebexcorade de La Palma para las tareas exploratorias y topográficas, asesorada por científicos del Depto. de Geología de la Universidad de Las Palmas de Gran Canaria, y siempre en colaboración con miembros del GIET de La Laguna para sus estudios faunísticos, han sacado adelante este tratado sobre las cavidades volcánicas de Gran Canaria. Es una obra cuidada, con detallada información sobre la edad y espeleogénesis de cada cueva, descripción y aporte de las topografías correspondientes, y abundantes fotografías de sus galerías y de especies cavernícolas que las pueblan. Debido a la particular geología de la isla y a la antigüedad de gran parte de sus terrenos, en Gran Canaria la abundancia de cuevas no es tan prolija como en otras islas de vulcanismo más reciente, pero es destacable el alto interés científico de varias de ellas, que incluyen al tubo volcánico más antiguo de Canarias, a una de las simas volcánicas más profundas, y a especies troglobias relícticas pertenecientes a grupos de insectos sin representantes subterráneos en el resto del archipiélago. Con esta publicación se da un notable paso adelante en la catalogación del mundo espeleológico de Canarias.

Pedro Oromí Masoliver
Catedrático de Zoología de la Universidad de La Laguna

En Canaria no faltan muy bellas grutas naturales,
como la del lugar de Agaete, hermoseada de estalactitas,
espatos calcáreos y cristales de Islandia...

Viera y Clavijo,
Diccionario de Historia Natural de las Islas Canarias

INTRODUCCIÓN

El presente catálogo aglutina las principales cavidades volcánicas de Gran Canaria. Un inventario que tiene su origen en la década de los 70, con los primeros grupos de espeleología que comenzaron a explorar las cuevas de la isla. Sin embargo, el primer listado de cuevas que se publica aparece recientemente en la obra "Fauna cavernícola de Gran Canaria" (Naranjo, et. al. 2009), que sería posteriormente actualizado con el "Catálogo de cavidades de la isla de Gran Canaria" (Fernández, O. & Naranjo, M. 2011). La información acumulada durante los últimos años ha permitido alcanzar un buen conocimiento sobre las cuevas volcánicas de la isla. Un trabajo impulsado por la Sociedad Entomológica Canaria Melansis en el que ha sido vital el apoyo económico del Cabildo de Gran Canaria, y la colaboración de distintas agrupaciones, pero que hubiese sido imposible sin la participación del Grupo Espeleológico Tebexcorade-La Palma, el Grupo de Investigaciones Entomológicas de Tenerife y la aportación, más reciente, del grupo Geología de Terrenos Volcánicos de la Universidad de Las Palmas de Gran Canaria.

El inventario comprende las cuevas de origen volcánico primario (reogenéticas), es decir, aquellas que han sido generadas durante un proceso eruptivo que ha dado lugar a un tubo volcánico, una sima u otro tipo de gruta como consecuencia directa de la emisión o el flujo de lava. No se incluyen por tanto, las cuevas de origen erosivo (como muchas de las cavidades costeras), o aquellas de origen artificial (la mayoría de cuevas de interés arqueológico).

Todas las grutas han sido ordenadas por su edad de formación, de más antiguas a más recientes, e identificadas con su nombre popular (cuando se conoce), incluyendo un código de identificación según el criterio de la Federación Canaria de Espeleología, que comprende las siglas iniciales de la isla y del municipio, seguidas de un código numérico. Se ha optado por hacer una descripción muy sencilla de las cuevas, indicando su longitud desde la boca de entrada o su desarrollo (la suma total de todos sus ramales), adjuntando la topografía de la misma, si la hubiera, así como una breve referencia a aquellos aspectos de mayor interés ya sea biológico, arqueológico o paleontológico.

Queremos expresar nuestro deseo de que esta publicación sea utilizada como herramienta de trabajo para el estudio y conservación del patrimonio subterráneo de Gran Canaria.

Localización de las cavidades volcánicas de Gran Canaria descritas en el presente catálogo.

1. Cueva de Aslobas
2. Cueva de El Palmar (Cueva de la Brusca)
3. Cueva de Los Arrepentidos
4. Cueva de La Luna
5. Cueva de Temisas (Tibicena)
6. Cueva de Los Canarios
7. Cueva de Morro del Verdugado
8. Los Bucios de Los Marteles
9. Cueva de Los Clérigos
10. Sima de Cueva Grande (Furnia de la Meseta)
11. Sima de Jinámar
12. El Bucio
13. Cueva Grande de Montañón Negro

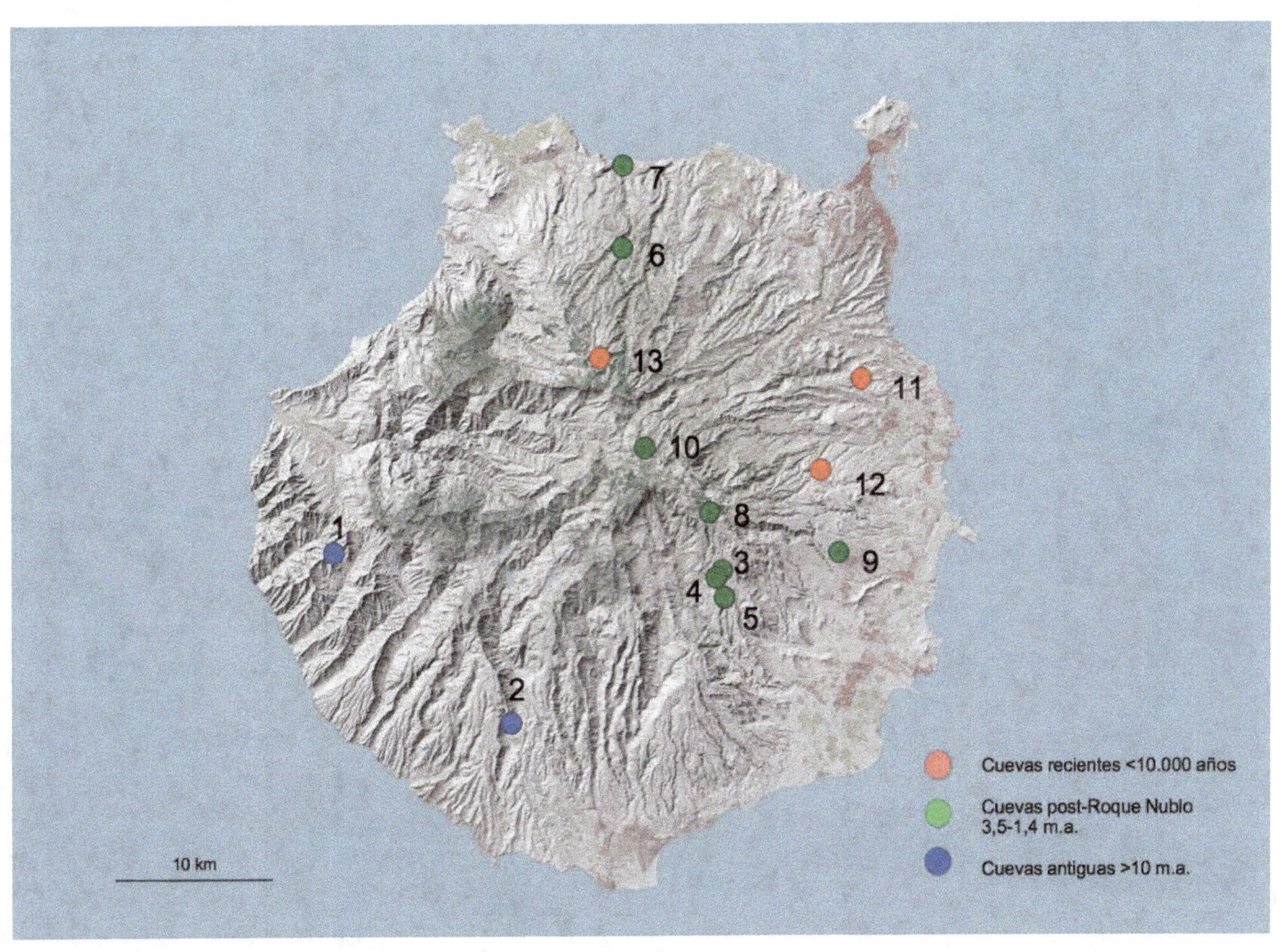

Cuevas recientes <10.000 años

Cuevas post-Roque Nublo
3,5-1,4 m.a.

Cuevas antiguas >10 m.a.

10 km

CAVIDADES VOLCÁNICAS

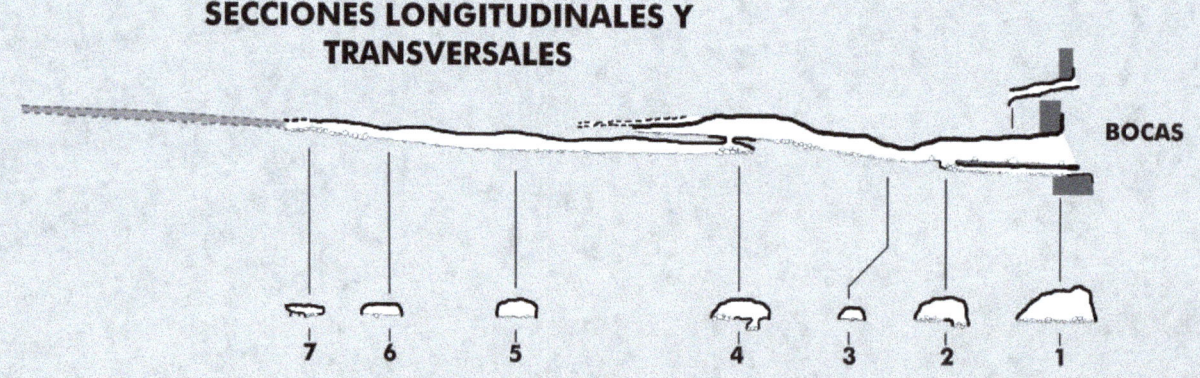

CUEVA DE ASLOBAS I
ALDEA DE SAN NICOLÁS. GRAN CANARIA

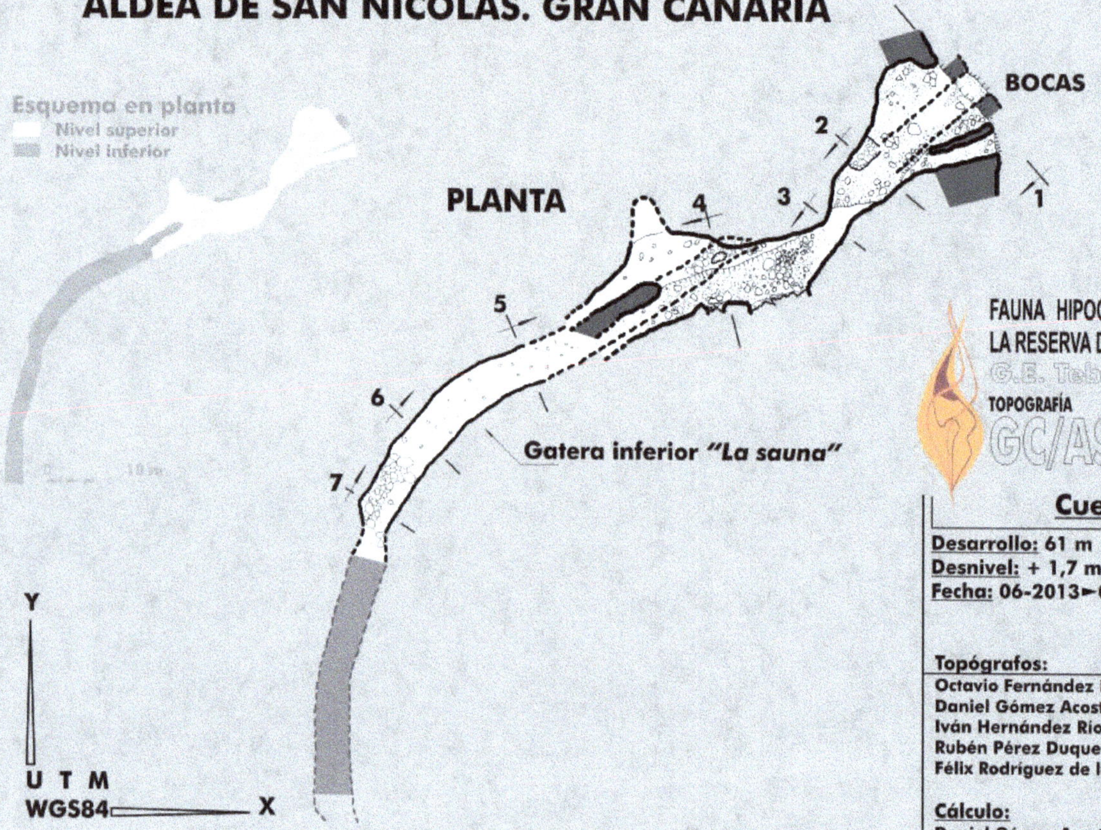

Esquema en planta
Nivel superior
Nivel inferior

PLANTA

BOCAS

2

4   3

5

6

Gatera inferior "La sauna"

7

1

Y

U T M
WGS84   X

FAUNA HIPOGEA: UN MUNDO ESCONDIDO EN
LA RESERVA DE LA BIOSFERA DE GRAN CANARIA
G.E. Tebexcorade - La Palma
TOPOGRAFÍA
GC/ASN-01

Cueva de Aslobas I

Desarrollo: 61 m
Desnivel: + 1,7 m
Fecha: 06-2013►02-2014   **Escala:**

0   5   10 m

Topógrafos:
Octavio Fernández Lorenzo
Daniel Gómez Acosta
Iván Hernández Rios
Rubén Pérez Duque
Félix Rodríguez de la Cruz

UTM: *(WGS84)*
Huso 28, zona R
X=   Cons.
Y=   Cons.
Z=   815 m

Cálculo:
Daniel Gómez Acosta
Octavio Fernández Lorenzo
Dibujo y rotulación:
Octavio Fernández Lorenzo

Precisión:
Grado 5d BCRA
Suunto + láser Bosch

SECCIONES LONGITUDINALES Y TRANSVERSALES

BOCAS

7   6   5   4   3   2   1

Cueva de Aslobas

ASN-1

Se trata de un excepcional tubo volcánico por su elevada antigüedad y buen estado de conservación, estando vinculado al origen de Gran Canaria hace unos 14 millones de años. Redescubierta en el año 2011 por el Grupo Montañero El Verol se localiza en la Montaña de Aslobas -en el oeste de la isla- a 800 m de altitud. La cueva se estructura en dos galerías superpuestas, de escasa altura, que suman 80 m de desarrollo, aunque lo más sorprendente es el enorme peso que soporta el techo de la gruta, hasta 435 toneladas por metro cuadrado de la masa rocosa que corona la Montaña (F. J. Pérez Torrado, com. pers.) El elevado nivel de humedad permite la existencia de invertebrados de gran interés, como *Maghreboniscus* sp.n., una peculiar cochinilla de la humedad incluida en un género hasta ahora desconocido para Canarias, y una nueva especie de cucaracha ciega (*Symploce* sp.n.). También se han hallado restos subfósiles de la extinta rata gigante de Gran Canaria (*Canariomys tamarani*).

(M. Naranjo,
S. Martín)

Cochinilla ciega
(*Maghreboniscus* sp.n.),
(M. Naranjo)

Fémur de la rata gigante
de Gran Canaria
(*Canariomys tamarani*),
(M.Naranjo)

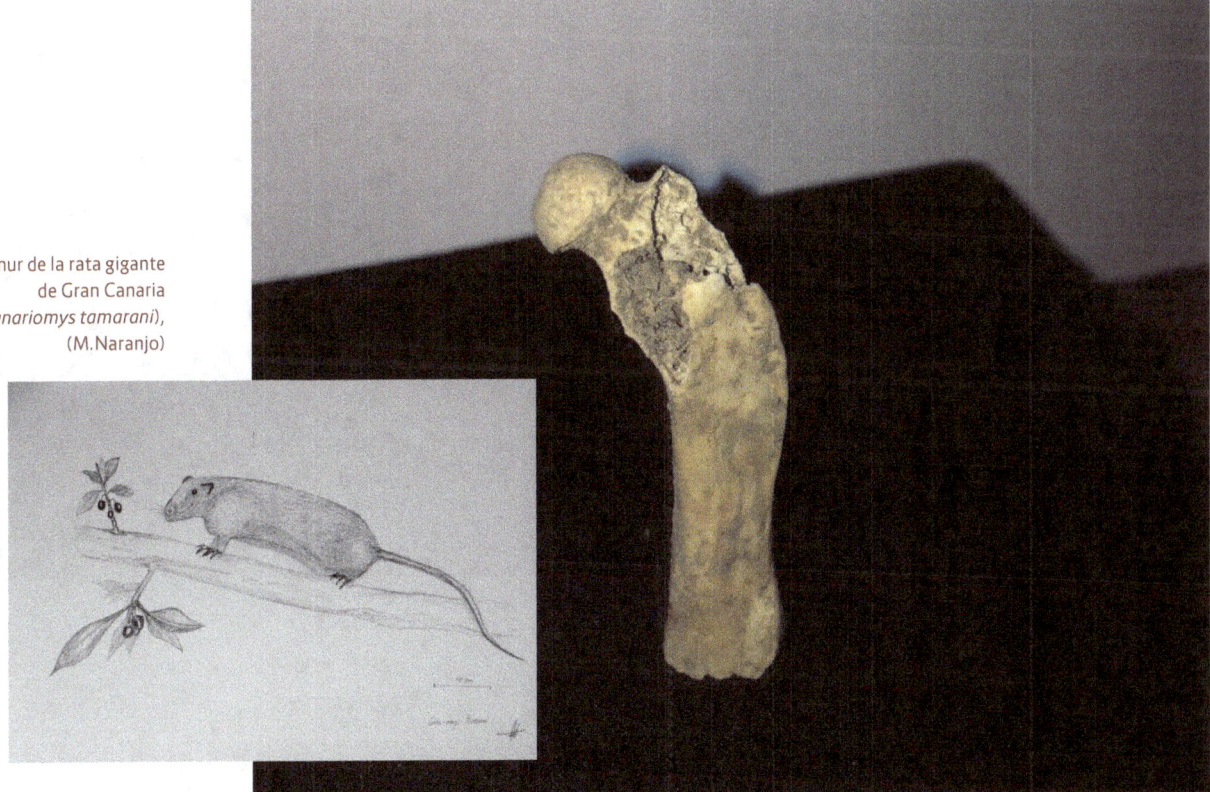

(M. Naranjo)

Cueva de El Palmar

CUEVA DE LA BRUSCA, MG-1

Vetusta gruta que podría ser tan antigua como la Cueva de Aslobas (aproximadamente 14 Ma). Inmersa en el barranco de Arguineguín ha sido objeto de leyendas que le atribuyen una longitud kilométrica, aunque tan solo alcanza unos 40 m. Es muy seca y se encuentra bas-tante deteriorada con abundantes desplomes.

Araña patilarga del género *Pholcus* (M. Naranjo)

CUEVA DE LA LUNA
SANTA LUCÍA DE TIRAJANA. GRAN CANARIA

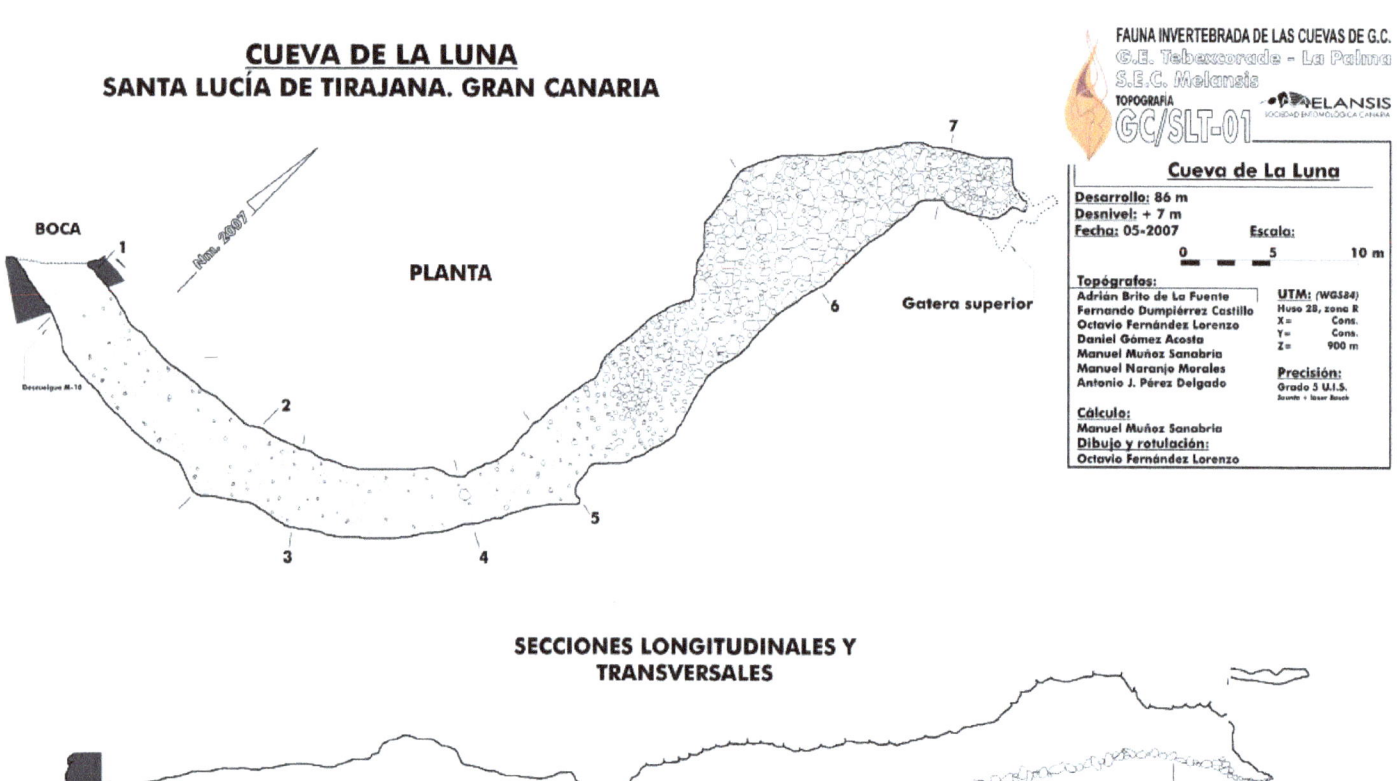

PLANTA

BOCA

Gatera superior

FAUNA INVERTEBRADA DE LAS CUEVAS DE G.C.
G.E. Tebexcorade - La Palma
S.E.C. Melansis
TOPOGRAFÍA
GC/SLT-01
MELANSIS
SOCIEDAD ENTOMOLÓGICA CANARIA

Cueva de La Luna

Desarrollo: 86 m
Desnivel: + 7 m
Fecha: 05-2007
Escala:
0   5   10 m

Topógrafos:
Adrián Brito de La Fuente
Fernando Dumpiérrez Castillo
Octavio Fernández Lorenzo
Daniel Gómez Acosta
Manuel Muñoz Sanabria
Manuel Naranjo Morales
Antonio J. Pérez Delgado

UTM: (WGS84)
Huso 28, zona R
X =   Cons.
Y =   Cons.
Z =   900 m

Precisión:
Grado 5 U.I.S.
Disto + laser Bosch

Cálculo:
Manuel Muñoz Sanabria
Dibujo y rotulación:
Octavio Fernández Lorenzo

SECCIONES LONGITUDINALES Y TRANSVERSALES

BOCA

Cueva de La Luna

GC/STL-01

Situada a 900 m de altitud, y con su amplia boca de acceso orientada hacia la Caldera de Tirajana, es uno de los tubos volcánicos más conocido de la isla. Encuadrada en el vulcanismo post-Roque Nublo se le estima una edad de 3-2,6 Ma. Tras 80 m de recorrido finaliza en una amplia bóveda en la que temperatura rara vez supera los 19 ºC. En ese sector de la cueva habita la cucaracha subterránea de Gran Canaria (*Symploce microphthalma*), la araña de los roques (*Troglohyphantes roquensis*), y el milpiés ciego (*Dolichoiulus typhlocanaria*).

(O. Fernández)

Araña de los roques (*Troglohyphantes roquensis*), (M. Naranjo)

(O. Fernández)

Cueva de los Arrepentidos

GC/STL-02

Es el mayor tubo volcánico de la isla, con un trazado casi lineal que alcanza los 201 m de desarrollo. Se ubica en la Caldera de Tirajana, a 971 m de altitud y próxima a la Cueva de La Luna, con la que comparte edad (3-2,6 Ma) e idéntica fauna cavernícola: la araña de los roques (*Troglohyphantes roquensis*), la cucaracha subterránea de Gran Canaria (*S. microphthalma*) y el milpiés ciego (*Dolichoiulus typhlocanaria*).

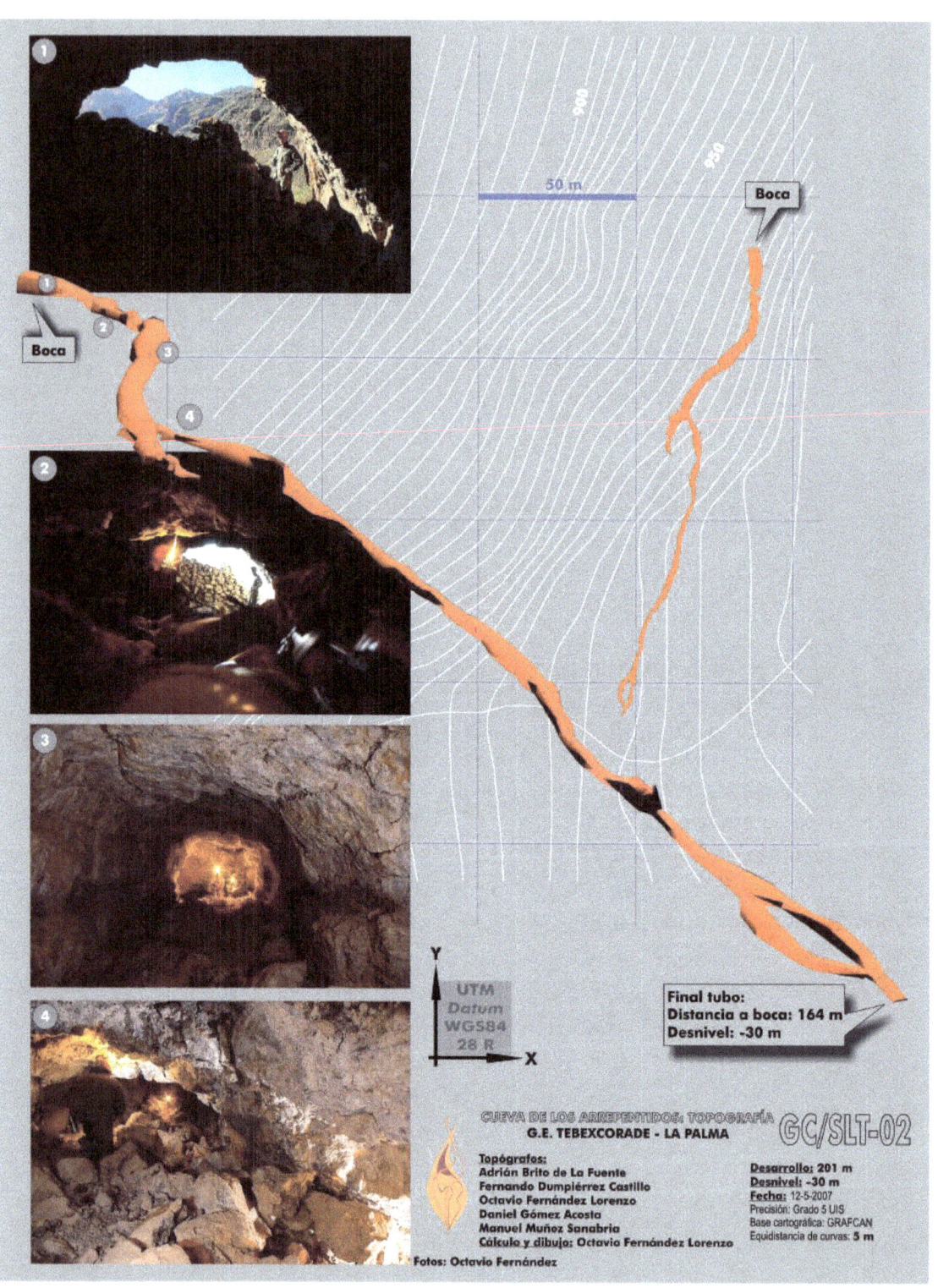

Boca

900
950

50 m

Boca

UTM
Datum
WGS84
28 R

Y
X

Final tubo:
Distancia a boca: 164 m
Desnivel: -30 m

CUEVA DE LOS ARREPENTIDOS: TOPOGRAFÍA
G.E. TEBEXCORADE - LA PALMA

GC/SLT-02

Topógrafos:
Adrián Brito de La Fuente
Fernando Dumpiérrez Castillo
Octavio Fernández Lorenzo
Daniel Gómez Acosta
Manuel Muñez Sanabria
Cálculo y dibujo: Octavio Fernández Lorenzo
Fotos: Octavio Fernández

Desarrollo: 201 m
Desnivel: -30 m
Fecha: 12-5-2007
Precisión: Grado 5 UIS
Base cartográfica: GRAFCAN
Equidistancia de curvas: 5 m

Milpiés blanquecino (*Dolichoiulus* sp.), (P. Oromí)

El pseudoescorpión *Microcreagrina cavicola* habita en el subsuelo de Gran Canaria (P. Oromí)

(M. Naranjo)

Cueva de Temisas

TIBICENA, GC/SLT-03

Es un tubo volcánico laberíntico al que se accede por tres bocas, que fueron "alumbradas" por una carretera. Alcanza unos 70 m de desarrollo y se incluye en el vulcanismo post-Roque Nublo (3-2,6 Ma). Su aridez se refleja en las abundantes concreciones calcáreas del techo y paredes, lo que limita la existencia de fauna subterránea.

Cueva de los Canarios (M. Naranjo)

Cueva de los Canarios

GC/MY-01

Es el único tubo volcánico que se encuentra en la antigua selva de Doramas, a 565 m de altitud. Originada durante la fase post-Roque Nublo (3-1,5 Ma), se abre como un gran balcón de 6 m de ancho y 3,70 m de alto. Sin embargo, su amplio acceso no da paso una cueva de gran longitud, pues los desplomes han terminado por obstruirla a los 30 m de la entrada. Conserva restos arqueológicos que hacen alusión a su toponimia.

Gotas de condensación sobre tela de araña (M. Naranjo)

(M. Naranjo)

Cueva de Morro del Verdugado

GC/SMG-01

Entre los puentes de Silva, a 175 m sobre el nivel del mar, se encuentra uno de los tubos volcánicos con mejor perspectiva del norte de Gran Canaria. Es una cueva que supera los 50 m de longitud y de entrada amplia, lo que facilitó su ocupación por los antiguos canarios. Originada en la etapa post-Roque Nublo presumiblemente ronde los tres millones de años de antigüedad.

(M. Naranjo)

(M. Naranjo)

Los Bucios
de Los Marteles

AGM-01

Con una amplia boca circular, Los Bucios de Los Marteles es un tubo volcánico de holgadas dimensiones y 44 m de longitud. Su origen se remonta a la fase post-Roque Nublo, entre los 2,15 y 1,95 Ma. Su interior se caracteriza por un potente relleno sedimentario con multitud de bloques desprendidos. En las grietas y recovecos del suelo son frecuentes los restos subfósiles del lagarto gigante de Gran Canaria (*Gallotia stehlini*). Las filtraciones de agua son abundantes y en ocasiones se puede observar la cucaracha subterránea de Gran Canaria (*S. microphthalma*).

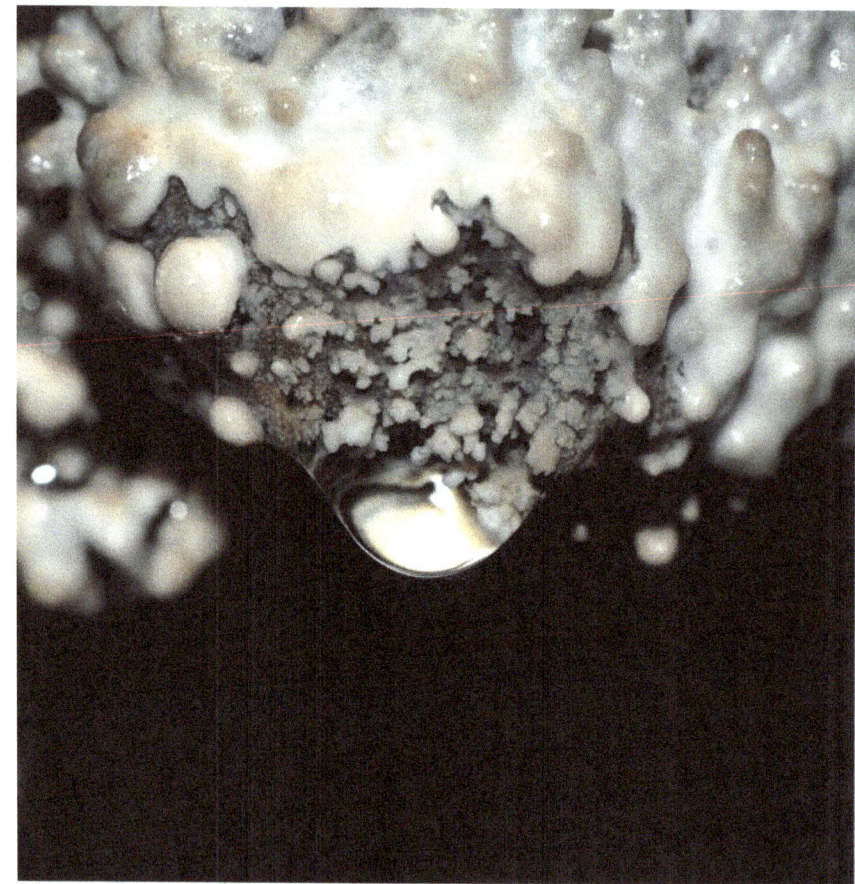

El agua de percolación sustenta los ecosistemas
subterráneos (M.Naranjo)

Restos subfósiles de lagarto gigante de Gran Canaria (*Gallotia stehlini*), (M. Naranjo).

Cueva de Los Clérigos (M.Naranjo)

Cueva de los Clérigos

GC/IG-02

Se trata de un tubo volcánico de gran riqueza paleontológica cuya edad se estima entre 1,7 -1 Ma. Se desarrolla en un solo conducto de 30 m de longitud, aunque parte de la cueva podría continuar debajo del relleno sedimentario. El Dr. Luis Felipe Lopez-Jurado fue el primero en advertir de la importancia de este yacimiento, en el que se han acumulado restos subfósiles de la rata gigante de Gran Canaria (*C. tamarani*), lagarto gigante de Gran Canaria (*G. stehlini*) y aves sin identificar. Entre la fauna invertebrada destaca el reciente descubrimiento de una cucaracha subterránea completamente ciega del género *Symploce* y la araña violinista de Tasarte (*Loxosceles tasartae*). El Ayuntamiento de Ingenio está tratando de impulsar su declaración como Bien de Interés Paleontológico.

Cucaracha ciega de Ingenio (*Symploce* n.sp.) y cucaracha subterránea de Gran Canaria (*Symploce microphthalma*). (M. Naranjo; P. Oromí).

La araña *Loxosceles tasartae* es frecuente
en la Cueva de Los Clérigos. (M. Naranjo)

SIMA DE CUEVA GRANDE
(Chamber of Cueva Grande)
SITUACIÓN: MINA DE AGUA DE CUEVA GRANDE
VEGA DE SAN MATEO. GRAN CANARIA

Galería artificial
(adit)

±0

CORTE LONGITUDINAL
(unfolded profile)

5 6 7 8

4

3

R-7

-23

2

-34

1

BOCAMINA
(tunnel entrance)

PLANTA
(plan)

-34

CATÁLOGO DE CAVIDADES DE GRAN CANARIA

TOPOGRAFÍA

Sima de Cueva Grande

Desarrollo: 75,6 m
Desnivel: - 34 m
Fecha: 13-05-2007

Escala:

0   5   10 m

Topógrafos:
Adrián Brito de La Fuente
Fernando Dumpiérrez Castillo
Octavio Fernández Lorenzo
Daniel Gómez Acosta
Manuel Muñoz Sanabria

UTM: (WGS84)
Huso 28, zona R
X= 443.266 m
Y= 3.095.464 m
Z=   1.560 m
(UTM =Bocamina)

Cálculo y dibujo:
Octavio Fernández Lorenzo

Precisión:
Grado 5d B.C.R.A.
(Suunto + láser Bosch)

= Anclaje (anchor)

Nm. 2007

1

2

-23

3

4

5
6 7

±0

8

CORTES TRANSVERSALES
(cross sections)

1

2

3

4

5

6

7

8

Sima de Cueva Grande

FURNIA DE LA MESETA, GC/VSM-01

Es una cavidad vertical de amplias dimensiones y de génesis desconocida. Su descubrimiento, de carácter fortuito, se produjo durante la excavación de una galería de agua y carece de conexión natural con el exterior. Por lo singular de su hallazgo fue expuesta en el segundo simposium internacional sobre cuevas en minas (Cerdeña, 2012). En la actualidad, la sima puede explorarse completamente (unos 70 m de longitud, que culminan a 40 m de profundidad respecto al nivel de la mina), pero en el momento de su "alumbramiento" se encontraba completamente inundada. Se le atribuye una edad inferior a 300.000 años. En su interior no se ha avistado fauna cavernícola.

(O. Fernández)

(M. Naranjo)

Sima de Jinámar

GC/TD-01

Es una de las primeras cavidades volcánicas de Canarias de la que se tiene referencia escrita: *En esta sima los echaron, sin que se tuviese noticia cierta donde ha de ir a parar por su profunda hondura (1393, Le Canarien)*. En 1934, tras más de 500 años, el espeleólogo francés Robert de Joly realiza la primera exploración científica a e sta s ima, marcando su profundidad en unos 70 m. Su génesis tiene que ver con el vulcanismo moderno de la isla, hace menos de 10.000 años, cuando la chimenea volcánica se vació a través de una salida de lava en una cota inferior.

Es la cavidad más simbólica de la isla (por los trágicos sucesos históricos) y la única que se encuentra catalogada como Bien de Interés Cultural.

El Bucio (M. Naranjo)

El Bucio

GC/TD-02

El Bucio, con tan solo 6.000 años de antigüedad, es el único tubo volcánico de la isla que conserva estalactitas de lava y gran parte de sus paredes originales. Esta galería natural se originó cuando la lava del volcán de Santidad, en el municipio de Telde, se derramó por una ladera de suave pendiente conformando un tobogán subterráneo de 30 m de longitud y hasta dos metros de altura. A pesar de la presencia de raíces y rezumaderos de agua, la desecación por ventilación dificulta la existencia de especies subterráneas.

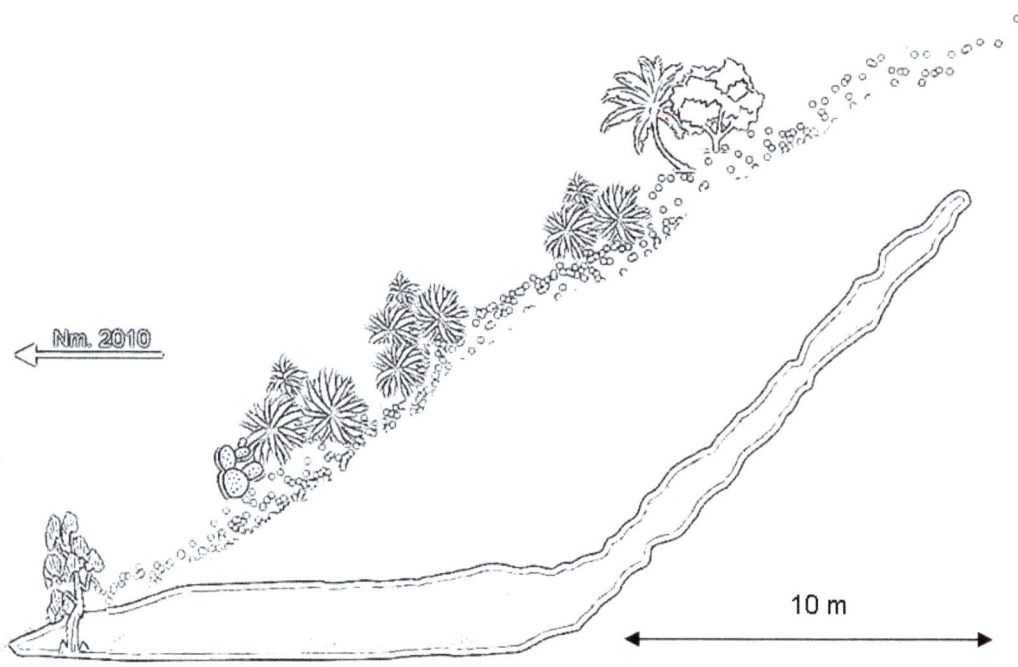

Nm. 2010

10 m

Perfil idealizado de El Bucio.

CUEVA *GRANDE* DE MONTAÑÓN NEGRO
MOYA. GRAN CANARIA

 Nm. 2007

FAUNA INVERTEBRADA DE LAS CUEVAS DE G.C.
G.E. Tebexcorade - La Palma
S.E.C. Melansis
TOPOGRAFÍA
GC/MY-02
MELANSIS
SOCIEDAD ENTOMOLÓGICA CANARIA

Cueva Grande Montañón Negro

Desarrollo: 56 m
Desnivel: - 4 m
Fecha: 07-2007   **Escala:**

0   1   5 m

Topógrafos:
Octavio Fernández Lorenzo
Manuel Naranjo Morales
Antonio J. Pérez Delgado

UTM: *(WGS84)*
Huso 28, zona R
X=   Cons.
Y=   Cons.
Z=   1.466 m

Cálculo y dibujo:
Octavio Fernández Lorenzo

Precisión:
Grado 5 U.I.S.
Suunto + láser Bosch

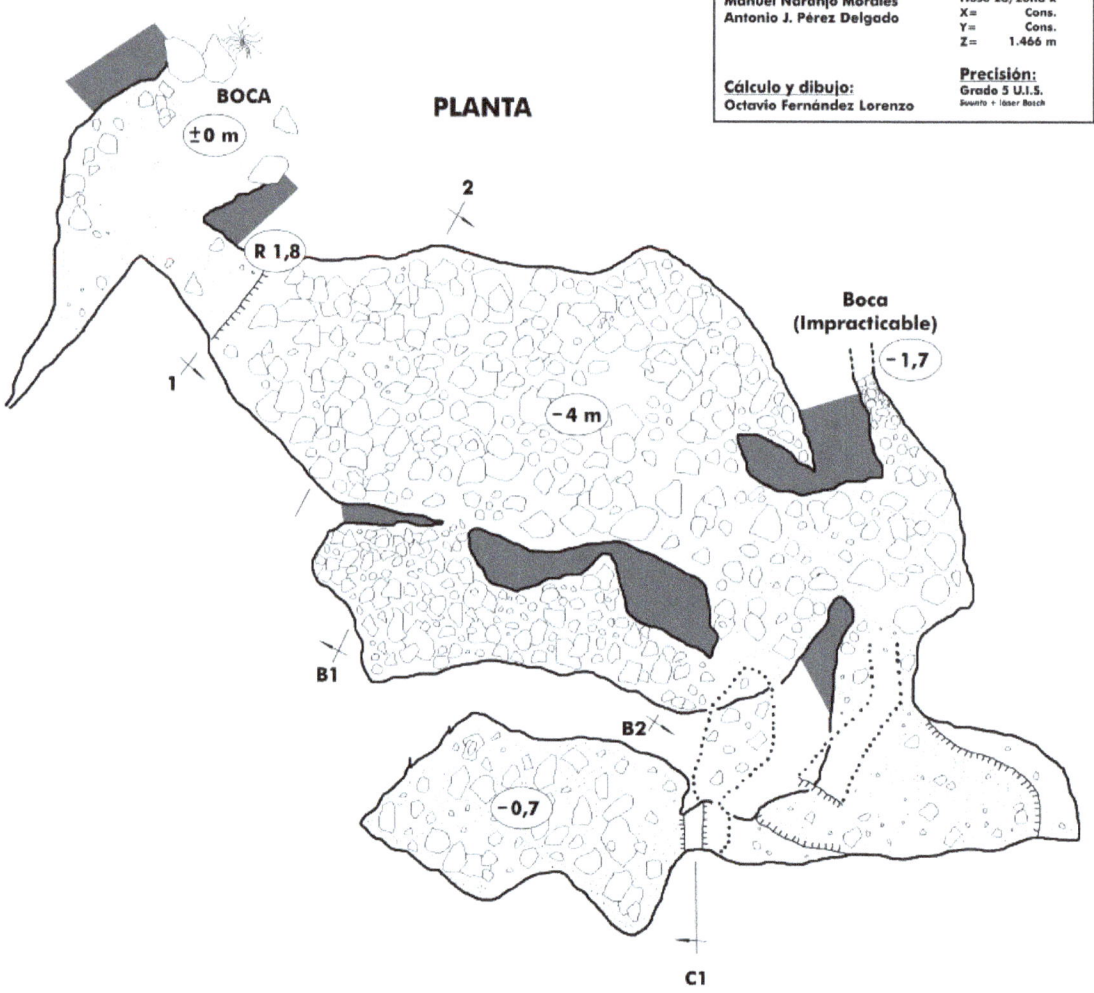

PLANTA

BOCA
±0 m

R 1,8

2

1

Boca
(Impracticable)
- 1,7

- 4 m

B1

B2

- 0,7

C1

SECCIONES TRANSVERSALES

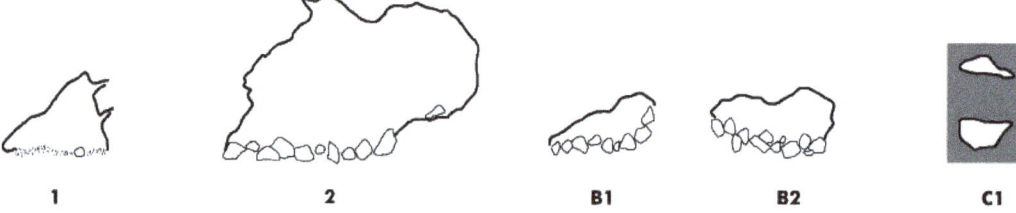

1   2   B1   B2   C1

Cueva Grande de Montañón Negro

GC/MY-02

El volcán de Montañón Negro (1.650 m de altitud) entró en erupción hace unos 3.000 años, dando lugar a la gruta volcánica más reciente de la isla. La cueva se formó en el interior de un gran bloque de escoria que fue arrastrado por la lava, hasta que las disminución del flujo y el proceso de enfriamiento ahuecó dicha masa rocosa. El resultado actual es un frágil y tortuoso laberinto, a modo de "queso gruyer", que alcanza 56 m de desarrollo. Se trata de una cavidad relativamente superficial y bastante húmeda gracias a las abundantes precipitaciones de la zona (de 800 a 1.000 mm anuales), formando parte del hábitat del escarabajo subterráneo *Medon* sp.n.

(M. Naranjo)

(M. González)

Medon sp.n. (H.López)

Espeleotema coraloide en Cueva Grande
de Montañón Negro. (M. Naranjo).

BIBLIOGRAFÍA RECOMENDADA

· Abreu, J. 1632. *Historia de la conquista de las siete islas de Gran Canaria. Libro primero.* Ed. Librería Isleña, Miguel Miranda. 229 pp.

· Carracedo, J.C. 2011. *Geología de Canarias I.* Ed. Rueda. 398 pp.

· Delgado, G. 2002. *Cavidades volcánicas de Canarias,* Consejería de Política Territorial y Medio Ambiente, Gobierno de Canarias. 127 pp.

· Fernández, O., Naranjo, M., González, C., Martín, S. 2013. The pit of Cueva Grande: first description of a volcanic pit in a water mine of the Canary Islands. *Memorie Istituto Italian di Speleologia.* S II, 28, pp. 123-133.

· Fernández, O. & Naranjo, M. 2011. Catálogo de cavidades de Gran Canaria. *Vulcania*, 9: 43-49.

· Hansen, A. 2009. *Volcanología y geomorfología de la etapa de rejuvenecimiento Plio-pleistocénica de Gran Canaria (Islas Canarias).* ULPGC. Tesis-ined.

· Hernández Pacheco et al. 1995. *Catálogo espeleológico de Tenerife.* Cabildo de Tenerife. 168 pp.

· Naranjo, M. y Martín de Abreu, S., 2015. Fauna subterránea de Gran Canaria, una historia reciente. *Gota a gota*, nº 9: 1-6. Grupo de Espeleología de Villacarrillo, G.E.V. (ed.).

· Naranjo, M., Moreno, A. C., Martín, S. 2014. ¿Dónde buscar troglobiontes? Ensayo de una cartografía predictiva con MaxEnt en Gran Canaria (Islas Canarias). *Arxius de Miscel·Lania Zoológica.* Vol. 12 - 2014.

· Naranjo, M., Martín, S., Fernández, O. 2014. *De Aslobas a Fataga, viaje al subsuelo de la Reserva de la Biosfera de Gran Canaria*. Ed. SEC Melansis. 60 pp.

· Naranjo, M., Oromí, P., Pérez, A. J., González, C., Fernández, O., López, H. D., & Martín de Abreu, S. 2009. *Fauna cavernícola de Gran Canaria-Secretos del mundo subterráneo*. SEC-Melansis. Las Palmas de Gran Canaria. 106 pp.

· Oromí, P. & Martín, J.L. 1992. The Canary Islands subterranean fauna characterization and composition. Dpto. Biología Animal, ULL, Tenerife, Canary islands, Spain. In book: *The Natural History of Biospeleology*, Chapter: 12, Publisher: Museo Nacional de Ciencias Naturales, Consejo Superior de Investigaciones Científicas, Editors: Ana Isabel Camacho, pp. 377-395.

· Oromí, P. 2009. *La fauna subterránea de Canarias: un viaje desde las lavas hasta las cuevas*. Actas de V Semana Científica Telesforo Bravo- Instituto de Estudios Hispánicos de Canarias.

· Rosales, M. 1996. *Historia de la espeleología en Canarias*. Proceedings 7th International Symposium on Vulcanospeleology, S/C de La Palma. pp. 101-108.

· Serra, E. & Cioranescu, A. 1959. *Le Canarien: crónicas francesas de la Conquista de Canarias*. Instituto de Estudios Canarios. 1233 pp.

· Torrado F.J. & Cabrera, M.C. 2010. *Geolodía 10. Gran Canaria*. Sociedad Geológica de España; Instituto Geológico y Minero de España.

ANEXO

Gran Canaria, riqueza entre minas

(extracto del libro: Troglobiontes de Gran Canaria- vida bajo el volcán)

GRAN CANARIA, RIQUEZA ENTRE MINAS

El medio hipogeo de Gran Canaria comprende una red de grietas, microcavernas y cuevas que se extiende de forma desigual bajo la superficie terrestre. La isla cuenta con una larga y compleja historia geológica (14 millones de años), que ha supuesto severas transformaciones naturales, y en la que los procesos evolutivos han ido originando multitud de especies cavernícolas. Una biodiversidad subterránea que se ha ido desvelando en las últimas décadas y que hoy día alcanza la cifra nada desdeñable de 52 especies, lo que sitúa a Gran Canaria, tras Tenerife y junto a La Palma, entre las islas de mayor riqueza hipogea del archipiélago Canario (ver Tabla I).

La exploración de cavidades naturales (figuras 5 y 6), el muestreo del Medio Subterráneo Superficial (MSS), con trampas específicas, y sobre todo la prospección intensiva de cavidades artificiales han sido los principales modos de acceder al subsuelo grancanario, con resultados muy fructíferos (Naranjo et al., 2014). Las galerías y minas de agua excavadas por el hombre son muy abundantes en la isla (Suárez, 2014), y además suelen reunir buenas condiciones para la fauna troglobionte, como una elevada humedad relativa, estabilidad climática y altos niveles de percolación. De este modo, no es extraño que en una isla cuyas cavidades de origen natural no superan la quincena (Naranjo et al., 2016), sean las galerías de agua las grutas de mayor riqueza en troglobiontes. Sirva de ejemplo que solo tres minas de Gran Canaria (Los Roques, Los Llanetes y La Federica), aglutinan el 42% de las especies hipogeas conocidas en la isla.

La fauna cavernícola esta sobrerrepresentada por aquellos invertebrados que viven en el suelo u ostentan preadaptaciones para habitar en el mismo. Es el caso de las arañas, escarabajos, crustáceos, colémbolos, milpiés, chinches y cucarachas, principalmente. En Gran Canaria los escarabajos constituyen uno de los grupos más numerosos en el medio subterráneo (figura 9), sobresaliendo los gorgojos rizófagos de los géneros *Oromia* y *Laparocerus*, que han radiado en 12 especies segregadas por ámbitos geográficos. Los carábidos, sin embargo, resultan más escasos y crípticos, conociéndose hasta el momento tan solo tres especies con preferencias por ambientes edáficos: *Lymnastis* n.sp., *Pseudoplatyderus* n.sp. y *Parazuphium* n.sp. Los estafilínidos están representados por una sola especie del género *Medon*. Por otra parte, el tenebriónido *Anophthalmolamus* n.sp. y el escidménido *Euconnus* n.sp. son edafobiontes de pequeño tamaño que solo han sido detectados en el MSS. Los arácnidos también son numerosos, los minúsculos pseudoescorpiones suman diez especies restringidas al sector nororiental, mientras que las arañas cuentan con siete especies más ampliamente distribuidas.

Entre estas últimas destacan por su relativa abundancia *Troglohyphantes roquensis* y las cazadoras errantes de los géneros *Dysdera* y *Macarophaeus*. Más raras y ligadas al MSS son *Walckenaeria subterranea*, *Agraecina canariensis* y *Spermophorides flava*.

Las cucarachas del género *Symploce* han experimentado una interesante radiación que ha llevado a reconocer seis morfoespecies. Este género de cucarachas hipogeas se encuentra en gran parte de la isla, aunque resulta más abundante en dominios potenciales de monteverde y bosque termófilo. Otros grupos con menor diversidad hipogea son los milpiés, con tres especies del género *Dolichoiulus*, que resultan frecuentes en cuevas y minas de agua. Le siguen los crustáceos estigobios *Pseudoniphargus fontinalis* y *Pseudoniphargus pedunculatus*, así como la cochinilla troglobionte *Maghreboniscus* n.sp., que habita en el tubo volcánico más antiguo de Canarias (Fernández et al., 2015). Los hemípteros cuentan con dos especies, que incluyen a la chinche mantis de Gran Canaria (*Collartida* n.sp.), siendo esta la menos troglomorfa de las *Collartida* canarias, y el saltón de Roddenberry (*Meenoplus roddenberryi*), que pasa por ser la cigarrita-saltón más pequeña del mundo. Entre los grupos con una sola especie, pero de gran singularidad, se encuentra el pececillo de plata *Canariletia holosterna* y el poliqueto de agua dulce *Namanereis* n.sp.

En la actualidad, tras más de 60 localidades exploradas, se tiene una perspectiva bastante aceptable sobre la biodiversidad subterránea de Gran Canaria (Tabla II). El sector noreste de la isla, también denominado Neocanaria en el argot geológico (Rodríguez-González et al., 2018), concentra las manifestaciones volcánicas más modernas y una mayor diversidad de especies subterráneas, mientras que el suroeste o Paleocanaria, el área más antigua de la isla, es mucho más pobre en fauna hipogea (Figura 10). A rasgos generales la Neocanaria presenta mejores condiciones para los troglobiontes pues predominan los suelos jóvenes, porosos y húmedos, lo que facilita la existencia de cavidades, el flujo de nutrientes y la consiguiente habitabilidad del subsuelo. Sin embargo en la Paleocanaria, con suelos más compactos y áridos, escasean los hábitats subterráneos (Naranjo et al., 2009) (ver figura 11).

El catálogo de especies subterráneas que incluye la presente publicación está actualizado con la información más reciente disponible, pero se encuentra lejos de ser definitivo. Es indudable que una isla tan heterogénea como Gran Canaria puede albergar troglobiontes aún desconocidos para la ciencia; la experiencia nos ha mostrado que cualquier lugar recóndito, e incluso una vieja gruta ya explorada, puede ser el refugio de un nuevo endemismo, el eslabón de un linaje perdido o el relicto de un clima del pasado; solo hay que buscarlos.

GRAN CANARIA, RICHNESS AMONGST MINES

The hypogean environment of Gran Canaria encompasses a network of cracks, micro-caves and caves that extends unevenly beneath the terrestrial surface. The island has a long and complex geological history (14 million years), which has involved severe natural transformations, and in which evolutionary processes have been originating a multitude of cave-dwelling species. Its subterranean biodiversity has been revealed in recent decades and today it reaches the remarkable amount of 52 species, which places Gran Canaria, after Tenerife and next to La Palma, amongst the islands of greatest hypogean richness in the Canary Archipelago (see Table I).

The exploration of natural cavities (figures 5 and 6), the trapping of the Mesovoid Shallow Substratum (MSS), and especially the intensive prospection of artificial cavities have been the main way to access to the Gran Canarian underground, with major successful (Naranjo et al., 2014). The artificial galleries and water mines excavated by humans are very abundant on the island (Suárez, 2014), and also tend to have good conditions for troglobiont fauna, such as high relative humidity, climatic stability and high levels of percolation. Thus, it is not surprising that on an island where the cavities of natural origin do not exceed fifteen (Naranjo et al., 2016), the water galleries are the richest caves in troglobionts. For instance, the mines of Los Roques, Los Llanetes and La Federica (figures 7 and 8), located in the north-eastern sector of the island, account for 42% of the known hypogean species from Gran Canaria.

The cave-dwelling fauna is over-represented by those invertebrates that occur in the soil or have preadaptations to live in it. This is particularly the case of spiders, beetles, woodlice, springtails, millipedes, bugs and cockroaches. In Gran Canaria beetles are one of the most diverse groups in the subterranean habitat (figure 9), with the rhizophagous weevils of the genera Oromia and Laparocerus standing out, which have radiated in 12 species segregated by geographical areas. The ground beetles, however, are scarcer and more cryptic, with only three species being known so far and with preference for edaphic environments: Lymnastis n.sp., Pseudoplatyderus n.sp. and Parazuphium n.sp. Rove beetles are represented by a single species of the genus Medon. On the other hand, the darkling beetle Anophthalmolamus n.sp. and the scydmaenid Euconnus n.sp. are small edaphobionts that have only been detected in the MSS. The pseudoscorpions and spiders are also numerous: the minuscule pseudoscorpions add up to ten species restricted to the north-eastern sector, while the spiders include seven species more widely distributed on the island. Amongst the latter, *Troglohyphantes roquensis* and the errant hunters of the genera *Dysdera* and *Macarophaeus* stand out for their relative abundance. Rarer and linked to the MSS are *Walckenaeria subterranea*, *Agraecina canariensis* and *Spermophorides flava*.

The cockroaches of the genus *Symploce* have undergone an interesting evolutive radiation that originated six different troglobitic morphospecies. This genus of hypogean cockroaches is found along most of the island, though being more abundant in the potential areas of laurisilva and thermophilous forest. Other groups with lower hypogean diversity are the millipedes with three species, amongst which are the detritivorous julids of the genus *Dolichoiulus*, which are frequent in caves and water mines. Also interesting are the stygobiont crustaceans *Pseudoniphargus fontinalis* and *Pseudoniphargus pedunculatus*, as well as the troglobiont woodlouse *Maghreboniscus* n.sp., which inhabits the oldest lava tube in the Canary Islands (Fernández et al., 2015). There are two species of Hemiptera, including the Gran Canaria mantis bug (*Collartida* n.sp.), which is the less troglomorphic of the Canarian *Collartida* species, and the Roddenberry planthopper (*Meenoplus roddenberryi*), which happens to be the smallest planthopper in the world. Among the groups with a single species, but of great singularity, are the silverfish *Canariletia holosterna* and the freshwater bristle worm *Namanereis* n.sp.

At present, after more than 60 explored localities, there is a quite acceptable perspective on the subterranean biodiversity of Gran Canaria (Table II). The north-eastern sector of the island, also called Neocanaria in geological argot because it is the part with modern eruptions (Rodríguez-González et al., 2018), concentrates the greatest diversity of subterranean species, while the southwest or Palaeocanaria, the oldest part of the island, is far poorer (Figure 10). In general, Neocanaria presents better conditions for hypogean fauna because soils are young, permeable and humid, which facilitates the flow of nutrients and the consequent habitability of the underground. However, the Palaeocanaria is much more arid and impermeable (with older soils), hindering the existence of an adequate habitat for cave-dwelling animals (Naranjo et al., 2009) (see figure 11).

The catalogue of subterranean species included in this publication is updated with the most recent available information, but it is far from being definitive. There is no doubt that an island as heterogeneous as Gran Canaria can harbour more troglobionts still unknown to science. Experience has shown us that any hidden place, and even an old grotto already explored, can be the refuge of a new endemism, the link of a lost lineage or the relict of a climate from the past; one only has to look for them.

Figura 5. El Bucio (Telde, Gran Canaria), de unos 6.000 años, es el tubo volcánico más reciente de la isla. La sequedad de la cueva y su elevada ventilación no favorece la presencia de fauna hipogea (Foto: M. Naranjo).

Figure 5. The 6000 years old El Bucio (Telde, Gran Canaria) is the most recent lava tube of the Island. Its marked dryness and high ventilation does not favor the presence of hypogean fauna (Photo: M. Naranjo).

Figura 6. La Cueva Grande de Montañón Negro (Moya, Gran Canaria) se desarrolla bajo un suelo muy húmedo que permite la presencia de fauna subterránea (Foto: M. Naranjo).

Figure 6. Cueva Grande de Montañón Negro (Moya, Gran Canaria) develops under a lava flow covered by a humid soil that allows the presence of a subterranean fauna (Photo: M. Naranjo)

Figura 7. La mina de Los Llanetes (Valsequillo, Gran Canaria) es una cavidad artificial excavada entre derrubios de laderas y aluviones de barranco, donde abundan troglobiontes y estigobiontes (Foto: M. Naranjo).

Figure 7. Los Llanetes water mine (Valsequillo, Gran Canaria) is an artificial cavity excavated between slope debris and ravine alluvium, holding abundant troglobiont and stygobiont species (Photo: M. Naranjo).

Figura 8. En la mina de la Federica (Telde, Gran Canaria) se han inventariado catorce especies de troglobiontes. Su prolífico medio subterráneo se desarrolla entre aluviones de barranco y lavas recientes (Foto: M. Naranjo).

Figure 8. Fourteen troglobiont species have been recorded inside Federica water mine (Telde, Gran Canaria). Its prolific subterranean environment develops between ravine alluvium and recent lavas (Photo: M. Naranjo).

GRAN CANARIA

Riqueza de troglobiontes agrupados por órdenes

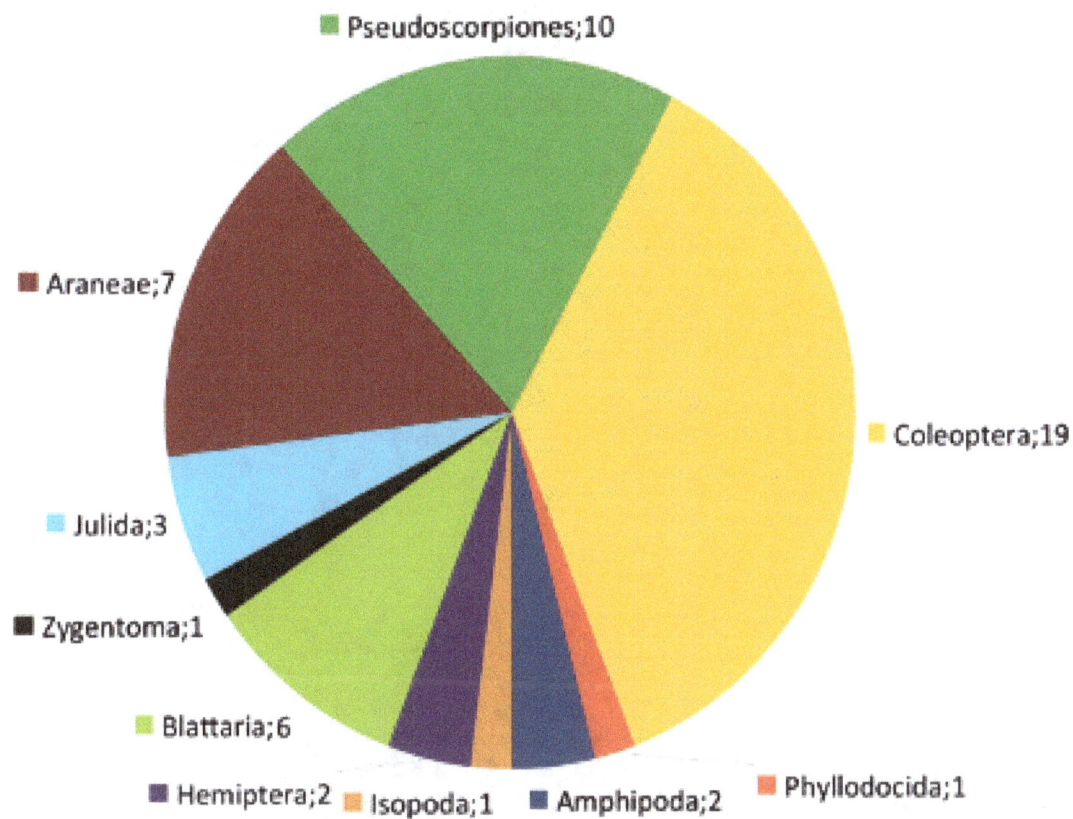

Figura 9. Riqueza de troglobiontes de Gran Canaria agrupado por órdenes.

Figure 9. Richness of troglobionts from Gran Canaria grouped by taxonomic Orders.

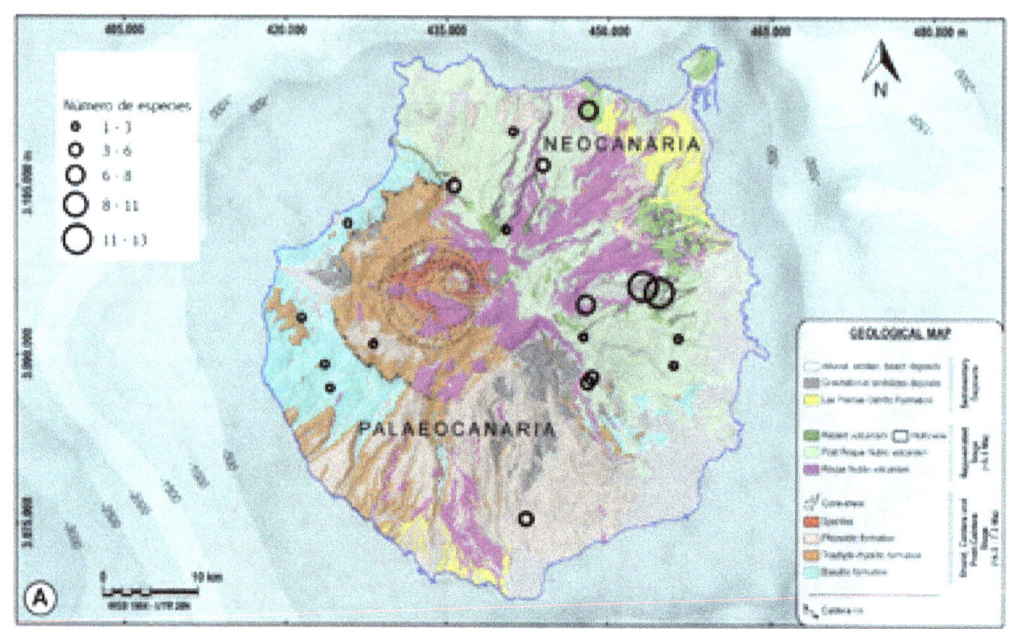

Figura 10. Mapa geológico de Gran Canaria y localidades con presencia
de troglobiontes (Elaboración: A.C. Moreno).

Figure 10. Geological map of Gran Canaria and locations with presence
of troglobionts (Performed: A.C. Moreno).

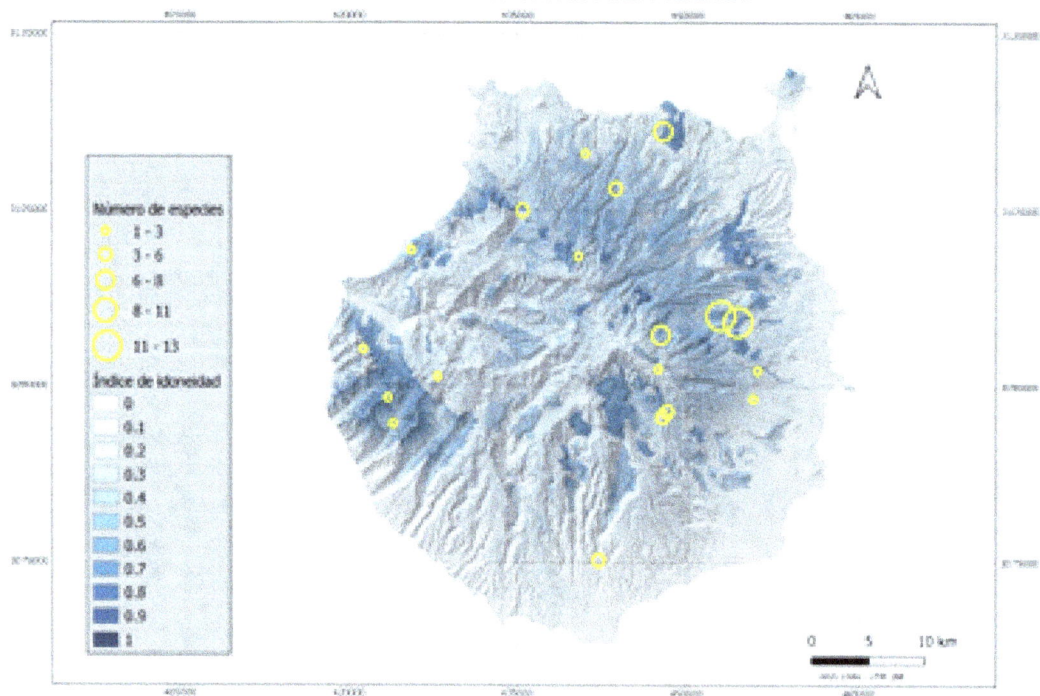

Figura 11. Modelo predictivo de hábitats para fauna hipogea
y localidades con presencia de troglobiontes (Elaboración: A.C. Moreno).

Figure 11. Predictive model of habitats for hypogean fauna
and locations with presence of troglobionts (Performed: A.C. Moreno).

Tabla II. Inventario de trogloboiontes y estigobiontes de Gran Canaria. MSS: Medio subterráneo superficial; Minas: excavaciones artificiales; Cuevas: cavidades naturales de origen volcánico. *: Género endémico.

Table II. Inventory of troglobionts and stygobionts of Gran Canaria. MSS: mesocavernous shallow substratum; Minas: artificial excavations; Cuevas: natural volcanic caves. *: endemic genus.

TAXONES	ENDEMISMO	PARIENTES HIPOGEOS OTRA ISLA	PARIENTES EPIGEOS		HÁBITAT		
			MISMA ISLA	OTRA ISLA	MSS	MINAS	CUEVAS
PHYLLODOCIDA							
Fam. Nereididae							
Namanereis n.sp.	?	Sí	No	No		■	
ARANEAE							
Fam. Gnaphosidae							
Macarophaeus n.sp.	?	Sí	Sí	Sí	■	■	
Fam. Liocranidae							
Agraecina canariensis	T,C	Sí	No	No	■	■	
Fam. Dysderidae							
Dysdera n.sp. 1	C	Sí	Sí	Sí	■		
Dysdera n.sp. 2	C	Sí	Sí	Sí	■		
Fam. Linyphiidae							
Troglohyphantes roquensis	C	Sí	No	No	■		
Walckenaeria subterranea	C	Sí	Sí	Sí	■		
Fam. Pholcidae							
*Spermophorides flava	C	Sí	Sí	Sí	■		
PSEUDOSCORPIONES							
Fam. Syarinidae							
Microcreagrina subterranea	P,G,T,C	Sí	Sí	Sí	■		
Microcreagrina cavicola	P,C,L	Sí	Sí	Sí		■	
Fam. Chthoniidae							
Lagynochthonius lopezi	C	Sí	No	No	■		
Lagynochthonius microdentatus	C	Sí	No	No	■		
Lagynochthonius oromii	C	Sí	No	No	■		
Lagynochthonius subterraneus	C	Sí	No	No	■		
Lagynochthonius tenuimanus	C	Sí	No	No	■		
Occidenchthonius beieri	C	Sí	Sí	Sí	■		■
Occidenchthonius manherti	C	Sí	Sí	Sí	■		
Occidenchthonius tamaran	C	Sí	Sí	Sí	■		
ISOPODA							
Fam. Spelaeoniscidae							
Maghreboniscus n.sp.	?	No	No	No			■
AMPHIPODA							
Fam. Melitidae							
Pseudoniphargus pedunculatus	C	Sí	No	No	■		
Pseudoniphargus fontinalis	T,C	Sí	No	No	■		
JULIDA							
Fam. Julidae							
Dolichoiulus typhlocanaria	C	Sí	Sí	Sí		■	

TAXONES	ENDEMISMO	PARIENTES HIPOGEOS OTRA ISLA	PARIENTES EPIGEOS		HÁBITAT		
			MISMA ISLA	OTRA ISLA	MSS	MINAS	CUEVAS
Dolichoiulus oromii	C	Sí	Sí	Sí	■		
Dolichoiulus longunguis	C	Sí	Sí	Sí		■	
ZYGENTOMA							
Fam. Nicoletiidae							
*Canariletia holosterna	C	No	No	No		■	
BLATTARIA							
Fam. Blattellidae							
Symploce microphthalma	C	No	No	No	■		
Symploce n.sp. 1	C	No	No	No	■		
Symploce n.sp. 2	C	No	No	No			■
Symploce n.sp. 3	C	No	No	No		■	
Symploce n.sp. 4	C	No	No	No	■		
Symploce n.sp. 5	C	No	No	No	■		
HEMIPTERA							
Fam. Reduviidae							
Collartida n.sp.	C	Sí	No	No		■	
Fam. Meenoplidae							
Meenoplus roddenberryi	C	Sí	No	No	■		
COLEOPTERA							
Fam. Carabidae							
Lymnastis n.sp. 1	C	Sí	No	No	■		
Lymnastis n.sp. 2	C	Sí	No	No	■		
Parazuphium n.sp.	C	Sí	No	Sí		■	
*Pseudoplatyderus n.sp.	C	Sí	No	No		■	
Fam. Staphylinidae							
Medon n.sp.	C	Sí	Sí	Sí	■		■
Fam. Scydmaenidae							
Euconnus sp.					■	■	
Fam. Tenebrionidae							
Anophthalmolamus n.sp.	C	Sí	No	No	■		
Fam. Curculionidae							
*Oromia thoracica	C	Sí	No	No	■		
*Oromia n.sp. 1	C	Sí	No	No	■		
*Oromia n.sp. 2	C	Sí	No	No	■		
*Oromia n.sp. 3	C	Sí	No	No	■		
*Oromia n.sp. 4	C	Sí	No	No			■
*Oromia n.sp. 5	C	Sí	No	No	■		
*Oromia n.sp. 6	C	Sí	No	No		■	
*Oromia n.sp. 7	C	Sí	No	No		■	
*Oromia n.sp. 8	C	Sí	No	No		■	
Laparocerus lopezi	C	Sí	Sí	Sí	■		
Laparocerus soniae	C	Sí	Sí	Sí		■	
Laparocerus federico	C	Sí	Sí	Sí		■	
TOTAL ESPECIES						52	

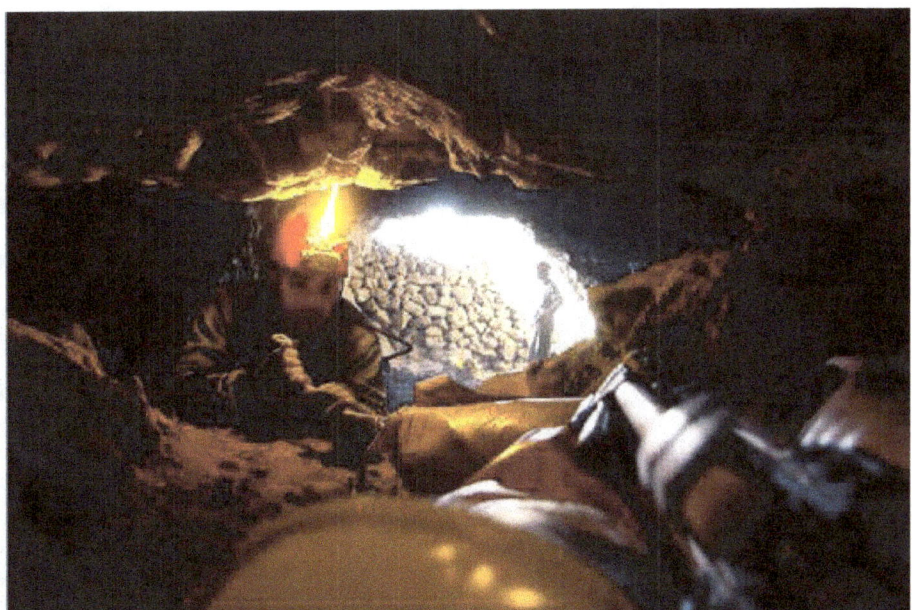